BEI GRIN MACHT SICH IHR WISSEN BEZAHLT

- Wir veröffentlichen Ihre Hausarbeit, Bachelor- und Masterarbeit

- Ihr eigenes eBook und Buch - weltweit in allen wichtigen Shops

- Verdienen Sie an jedem Verkauf

Jetzt bei www.GRIN.com hochladen und kostenlos publizieren

Jan Sauer

Praktikumsauswertung zur Holographie

Bibliografische Information der Deutschen Nationalbibliothek:

Die Deutsche Bibliothek verzeichnet diese Publikation in der Deutschen National-
bibliografie; detaillierte bibliografische Daten sind im Internet über http://dnb.d-
nb.de/ abrufbar.

Impressum:

Copyright © 2007 GRIN Verlag GmbH
Druck und Bindung: Books on Demand GmbH, Norderstedt Germany
ISBN: 978-3-640-93598-7

Dieses Buch bei GRIN:

http://www.grin.com/de/e-book/173337/praktikumsauswertung-zur-holographie

PHYSIKALISCHES PRAKTIKUM FÜR FORTGESCHRITTENE
TECHNISCHE UNIVERSITÄT DARMSTADT

Holographie

Abteilung A: Angewandte Physik

Jan Sauer

26.11.07

Vorbereitung

Die Holographie ist ein Verfahren, um die Bildinformation eines Objektes zu speichern. Im Gegensatz zur Fotografie, bei der nur die Intensität der Objektwelle aufgezeichnet wird, wird auf einem Hologramm auch die Phaseninformation gespeichert. Bei der Fotografie wird ein Objekt auf eine zweidimensionale Fläche abgebildet, was dazu führt, dass die räumliche Struktur des Objektes verloren geht, da lediglich Intensitäten über einen gewissen Zeitraum abgebildet werden. Dies führt dazu, dass die Bildwelle nicht identisch mit der ursprünglichen Objektwelle ist. Bei einem Hologramm wird zusätzlich zu der Intensität auch die Phase der Objektwelle gespeichert. Dies geschieht durch Interferenz mit einer Referenzwelle. Betrachtet man ein entwickeltes Hologramm, das von einer Rekonstruktionswelle beleuchtet wird, so ist die Bildwelle, die man sieht, identisch mit der Objektwelle; man sieht also ein dreidimensionales Bild statt nur ein zweidimensionales.

Zum bilden eines Hologramms benötigt man eine kohärente Lichtquelle. Kohärent bedeutet erstens, dass die emittierte Welle zeitlich Kohärent ist. Dies bedeutet, dass ein Punkt mit einer um Δt zeitversetzten Kopie interferieren kann. Dazu muss der Phasenunterschied zwischen dem Punkt und seiner zeitversetzten Kopie zeitlich konstant sein. Zweitens müssen zwei beliebige Punkte in der Welle eine konstante Phasenbeziehung zueinander haben. Sind beide dieser Bedingungen erfüllt, kann die Welle mit sich selbst interferieren.

Eine solche kohärente Lichtquelle beleuchtet ein Objekt, von dem ein Hologramm erstellt werden soll. Wie bei einem Foto wird die Objektwelle auf einer Fotoplatte aufgenommen. Zusätzlich zu dieser Welle wird jedoch noch eine sog. Referenzwelle auf die Fotoplatte gestrahlt. Diese muss kohärent zu der Objektwelle sein, weshalb es am einfachsten ist, eine einzige Lichtquelle zu verwenden, die aufgespalten wird um sowohl das Objekt zu beleuchten als auch als Referenzwelle zu dienen. Diese beiden Lichtwellen bilden ein Interferenzmuster auf der Fotoplatte. Die Abstände der Interferenzstreifen sind proportional zur Phasendifferenz der beiden Wellen. Da für die Referenzwelle die Phasenverteilung bekannt ist, kann man die Phase der Objektwelle bestimmen und somit eine identische Kopie der ursprünglichen Objektwelle erstellen.

Bei der Rekonstruktion wird die entwickelte Fotoplatte von einer Rekonstruktionswelle beleuchtet. Wir verwenden der Einfachheit halber dieselbe Lichtquelle der Referenzwelle. Die Welle wird an dem entwickelten Hologramm gebeugt, da es sich wie ein Gitter verhält. Dabei entstehen an den 1. und -1. Beugungsordnungen jeweils Bilder des ursprünglichen Objektes. Verwendet man ebene Wellen als Referenz- und Rekonstruktionswellen, so sind es ein reelles Bild an der 1. Beugungsordnung und ein virtuelles Bild an der -1. Beugungsordnung. Verwendet man jedoch Kugelwellen, so kann man durch einen geeigneten Aufbau auch zwei virtuelle oder zwei reelle Bilder erzeugen.

Zum Erzeugen des kohärenten Lichtes wird ein Gaslaser verwendet, genauer ein Helium-Neon-Laser. Im einem Hohlraum ist, wie der Name schon sagt, ein Gasgemisch aus Helium und Neon in einem Verhältnis von circa 10:1. Das Helium ist das sogenannte Pumpgas und das Neon ist das Lasergas. Als Energiezufuhr dient eine Hochspannung zwischen Anode und Kathode. Diese bringt durch Gasentladung das Helium auf das höher gelegene Niveau.

Aufgrund einer Übereinstimmung der relevanten Energieniveaus der beiden Gase können die angeregten Heliumatome ihre Energie an die Neonatome durch Stöße zweiter Art abgeben wodurch diese in das im Schaubild höchste Energieniveau rutschen. Durch spontane und stimulierte Emission gehen diese nun in das mittlere Energieniveau über und geben dabei Photonen mit einer Wellenlänge von 632,8 nm ab.

Durch Wandstöße und spontane Emission gehen die Neonatome wieder in den Grundzustand über.

Dadurch, dass der höhere Energiezustand eine längere Lebensdauer als der mittlere hat befinden sich im Durchschnitt mehr Neonatome im höheren Energiezustand, wodurch die nötige Besetzungsinversion gegeben ist.

Um das Licht nun zu verstärken, muss der Hohlraum des Lasers wie ein Resonator wirken. Dazu befinden sich zwei Spiegel an den jeweiligen Enden des Hohlraums, die die Photonen reflektiert, wodurch diese wieder andere Neonatome anregen können. Es bildet sich, klassisch gesehen, eine stehende Welle aus. Der Spiegel am Ausgang hat dabei eine Durchlässigkeit von ca. 2%, so dass ein Teil der stehenden Welle aus dem Laser austreten und als Laserstrahl verwendet werden kann.

Versuchsaufbau

Für den ersten Teil des Versuches wollen wir die Abbildungsgleichung für Hologramme experimentell nachprüfen. Wir verwenden hierfür eine punktförmige Lichtquelle, die mit einer Referenzwelle interferieren soll. Unsere Referenzwelle ist eine von einem HeNe-Laser erzeugte, ebene Welle, die durch einen Raumfilter läuft. Aufgrund von Unreinheiten am Laser sind im Strahlengang Interferenzmuster zu sehen. Diese sind jedoch unerwünscht und sollen durch den Raumfilter herausgefiltert werden.

Linsen können als sog. Fourierelemente eingesetzt werden. Das heißt, dass in der Brennebene der Linse die Fouriertransformierte der Laserwelle zu sehen ist. Die Interferenzmuster sind nun räumlich vom ebenen Hauptstrahl getrennt. Mit der Lochblende, die nur wenige µm groß ist, können höhere Beugungsordnungen somit herausgefiltert werden.

Unser Versuchsaufbau sieht wie folgt aus.

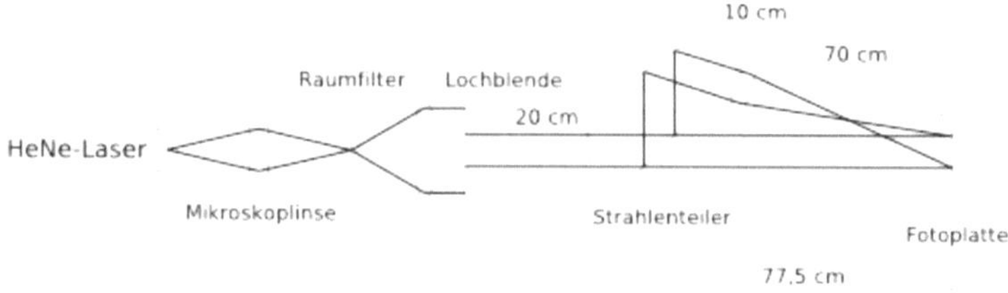

Es gelten folgende Abstände:
Strahlenteiler → Spiegel: 20 cm
Spiegel → Linse: 10 cm
Linse → Fotoplatte: 70 cm
Strahlenteiler → Fotoplatte: 77,5 cm

Der Laserstrahl wird mit einer Mikroskoplinse im Brennpunkt der Linse gebündelt. Dort tritt er durch den Raumfilter, wie er oben beschrieben wurde. Eine weitere Linse sorgt dafür, dass die Welle eben ist, wenn sie den Strahlenteiler trifft. Eine Lochblende hinter dieser Linse wird dazu verwendet, den Strahlenbündel zu verkleinern. Danach wird der Strahl von einem Strahlenteiler aufgeteilt, so dass Referenzwelle und Objektwelle entstehen. Die Referenzwelle trifft nun direkt auf den Schirm auf. Die Objektwelle wird von einem Spiegel umgelenkt und von einer weiteren Linse mit einer Brennweite von 35 cm fokussiert. Den Brennpunkt können wir nun als punktförmige Lichtquelle betrachten und ein Hologramm davon bilden. Die Fotoplatte wird im Abstand von 35 cm von der Punktquelle aufgestellt, so dass die Referenzwelle und die Objektwelle auf der Fotoplatte die gleiche Fläche einnehmen. Der Wegunterschied der beiden Strahlen sollte ca. 20 cm betragen. Bei unserem Aufbau war er 22,5 cm.

(Aufbau für die Rekonstruktion; $z_{B,1}$ und $z_{B,2}$ sind hier die Abstände der beiden Bildpunkte vom Hologramm aus gemessen, z_C ist der Mittelpunkt der Rekonstruktionswelle, die auf das Hologramm trifft)

Zur Rekonstruktion benötigen wir den zweiten Strahlengang nicht mehr, weshalb Strahlenteiler,

Spiegel, und Linse entfernt werden. Wir wollen zur Rekonstruktion jedoch eine Kugelwelle verwenden, deshalb stellen wir zwischen Lochblende und Hologramm eine Linse auf, die den Strahl bündelt und im Brennpunkt der Linse fokussiert. Hier ist nun auf eine Besonderheit zu achten: Wir stellen das Hologramm immer so auf, dass es zwischen Linse und Brennpunkt steht. Dadurch erzeugen wir zwei reelle Bilder, die, da es sich um eine punktförmige Quelle handelt, zu den Brennpunkten des Hologramms werden. Der Abstand der Brennpunkte, also der Bilder, ist mithilfe eines Schirmes einfach nachzumessen. Somit können wir das Abbildungsgesetz für Hologramme nachprüfen.

Als letztes wollen wir ein Hologramm eines dreidimensionales Objektes erstellen, ein sog. Volumenhologramm. Das Objekt befindet sich dabei auf der anderen Seite der (durchsichtigen) Fotoplatte. Wir schicken den Laserstrahl wieder durch den Raumfilter und die darauf folgenden Linse und Lochblende. Der Strahl beleuchtet dann erst die Fotoplatte und dann das Objekt, dass sich hinter der Fotoplatte direkt im Strahlengang befindet. Das Licht wird am Objekt gestreut und propagiert in die entgegengesetzte Richtung.

Die Rekonstruktion dieses Hologramms funktioniert wie auch bei dem ersten Hologramm.

Auswertung

Anzahl der schwingungsfähigen Moden

In einem idealen Gas bewegen sich die Gasmoleküle nicht mit der gleichen Geschwindigkeit. Ihre Geschwindigkeitsverteilung entspricht einer Maxwell-Boltzmann-Verteilung. Aufgrund dieser Geschwindigkeitsverteilung und des Dopplereffekts findet eine Frequenzverschiebung statt, die ebenfalls dieser Verteilung entspricht. Da lediglich die Bewegung entlang der Strahlenrichtung von Bedeutung ist können wir die eindimensionale Verteilung verwenden:

$$F(v) = \sqrt{\frac{m}{2\pi k_B T}} \cdot e^{-\frac{mv^2}{2k_B T}}$$

Dabei ist m = 3,35 $\cdot$ 10^{-26} kg die Masse eines Neonatoms, k_B die Boltzmannkonstante und T = 1000 K die Temperatur eines Neonatoms im Laser. F(v) ist die Wahrscheinlichkeitsdichte für die Geschwindigkeiten v der Neonatome. Für den Dopplereffekt einer bewegten Quelle und eines ruhenden Beobachters gilt:

$$f' = \frac{f_0}{1 - v/c} \quad \rightarrow \quad v = c \cdot \left(1 - \frac{f_0}{f'}\right)$$

f_0 = 4,739 $\cdot$ 10^{-14} ist die Frequenz des Lichtes, das ein ruhendes Neonatom emittiert.[1] f' ist dann die Frequenz, die ein Neonatom, das sich mit der Geschwindigkeit v bewegt, emittiert. c ist die Lichtgeschwindigkeit Einsetzen in F(v) ergibt:

$$F(f') = \sqrt{\frac{m}{2\pi k_B T}} \cdot e^{-\frac{mc^2 \cdot \left(1 - \frac{f_0}{f'}\right)^2}{2k_B T}}$$

Das Maximum liegt, wie man sofort sieht, bei f' = f_0 und es gilt

$$F(f_0) = \sqrt{\frac{m}{2\pi k_B T}}$$

Zur Abschätzung der schwingungsfähigen Moden bestimmen wir die Halbwertsbreite f_{FWHM}[2] für die dann gilt:

$$F\frac{(f = f_0)}{2} = F\left(f_0 + \frac{f_{FWHM}}{2}\right)$$

$$\frac{1}{2} \cdot \sqrt{\frac{m}{2\pi k_B T}} = \sqrt{\frac{m}{2\pi k_B T}} \cdot e^{-\frac{mc^2 \cdot \left(1 - \frac{f_0}{f_0 + \frac{f_{FWHM}}{2}}\right)^2}{2k_B T}} \quad \rightarrow \quad \ln(2) = \frac{mc^2}{2k_B T} \cdot \left(\frac{f_{FWHM}}{f_{FWHM} + 2f_0}\right)^2$$

$$\left(\frac{f_{FWHM}}{f_{FWHM} + 2f_0}\right) = \sqrt{\ln(2) \cdot \frac{2k_b T}{mc^2}}$$

---

1   Die Wellenlänge des Lichtes, das von einem Neonatom emittiert wird beträgt λ = 633 nm. Daraus ergibt sich die Ruhefrequenz f_0 = c/λ = 4,739 $\cdot$ 10^{-14}

2   FWHM: Full Width at Half Maximum

$$f_{FWHM} = 2387{,}8\,MHz$$

Mit einem Modenabstand von $\Delta f = 1364$ MHz ergibt dies:

$$\text{Anzahl der schwingungsfähigen Moden} \approx \frac{f_{FWHM}}{\Delta f} = 1{,}75 \approx 2$$

Kontrast für zwei Moden

Wir wollen nun den Kontrast der zwei Moden berechnen. Dazu betrachten wir die Interferenz der vier ebenen Wellen: jeweils die Referenz- und Objektwellen der beiden Moden (gekennzeichnet durch die Indizes 1 und 2). Da es sich um eine einzige Lichtquelle handelt gehen wir davon aus, dass die Amplituden der vier Wellen gleich sind. Darüber hinaus betrachten wir die Interferenz nur in der Ebene der Fotoplatte (x = 0). Es gilt dann:

$$\vec{E}_{Ri} = \vec{A}\,e^{iw_i t}, \quad \vec{E}_{Oi} = \vec{A}\,e^{i(w_i t + \delta_i)}$$

Dabei ist A die Amplitude der Wellen und ω_i die jeweilige Kreisfrequenze der Moden. Die Phasenverschiebung $\delta_i = s \cdot (2\pi/\lambda_i)$ der Objekt- und Referenzwelle kommt durch den Gangunterschied s = 22,5 cm im Versuchsaufbau zustande. Wir überlagern zuerst die Referenz- und Objektwelle einer einzelnen Mode miteinander und dann die resultierenden Wellen der beiden Moden miteinander.

Wir berechnen zuerst den Betrag des Vektors E_i. Da Referenz- und Objektwelle mit der gleichen Frequenz schwingen haben sie eine konstante Phasenbeziehung, weshalb die Zeitabhängigkeit der Phase keine Rolle spielt. Lediglich δ_i ist wichtig.

$$\|\vec{E}_{Ri}\| = \|\vec{E}_{Oi}\| = A$$
$$\|\vec{E}_i\| = \sqrt{(A + A\cos\delta_i)^2 + (A\sin\delta_i)^2}$$
$$\|\vec{E}_i\| = \sqrt{A^2(1 + \cos\delta_i)^2 + A^2\sin^2\delta_i}$$
$$\|\vec{E}_i\| = A\sqrt{1 + 2\cos\delta_i + \cos^2\delta_i + \sin^2\delta_i}$$
$$\|\vec{E}_i\| = A\sqrt{2 + 2\cos\delta_i}$$

Für die Phase gilt folgendes:

$$\phi_i{}' = \arctan\frac{A\sin\delta_i}{A + A\cos\delta} = \arctan\frac{\sin\delta_i}{1 + \cos\delta} = \frac{\delta_i}{2} \quad {}^{3}$$

Da die beiden Vektoren E_1 und E_2 nicht mehr eine konstante Phasenbeziehung haben müssen wir nun wieder die Zeitabhängigkeit der beiden Phasen berücksichtigen wenn wir beide Vektoren E_i addieren wollen. Die vollständige Phase der i-ten Mode ist dann

---

3 Hier wurde die sog. Halbwinkelformel $\tan(\phi/2) = \sin\phi / (1 + \cos\phi)$ ausgenutzt

$$\phi_i = \omega_i \cdot t + \frac{\delta_i}{2} \quad \text{mit der Zeit t.}$$

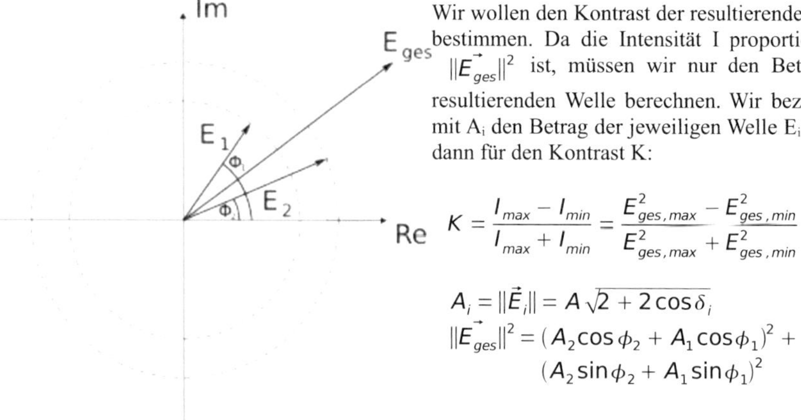

Wir wollen den Kontrast der resultierenden Welle bestimmen. Da die Intensität I proportional zu $\|\vec{E}_{ges}\|^2$ ist, müssen wir nur den Betrag der resultierenden Welle berechnen. Wir bezeichnen mit A_i den Betrag der jeweiligen Welle E_i. Es gilt dann für den Kontrast K:

$$K = \frac{I_{max} - I_{min}}{I_{max} + I_{min}} = \frac{E^2_{ges,max} - E^2_{ges,min}}{E^2_{ges,max} + E^2_{ges,min}}$$

$$A_i = \|\vec{E}_i\| = A\sqrt{2 + 2\cos\delta_i}$$
$$\|\vec{E}_{ges}\|^2 = (A_2\cos\phi_2 + A_1\cos\phi_1)^2 + (A_2\sin\phi_2 + A_1\sin\phi_1)^2$$

$$\|\vec{E}_{ges}\|^2 = A_2^2\cos^2\phi_2 + A_1^2\cos^2\phi_1 + 2A_1A_2\cos\phi_1\cos\phi_1 + A_2^2\sin^2\phi_2 + A_1^2\sin^2\phi_1 + 2A_1A_2\sin\phi_1\sin\phi_1$$
$$\|\vec{E}_{ges}\|^2 = A_2^2 + A_1^2 + 2A_1A_2(\cos\phi_1\cos\phi_1 + \sin\phi_1\sin\phi_1)$$
$$= A_2^2 + A_1^2 + 2A_1A_2\cos(\phi_1 - \phi_2)$$
$$\|\vec{E}_{ges}\|^2 = 2A^2(2 + \cos\delta_2 + \cos\delta_1) + 2A_1A_2\cos\left((\omega_1 - \omega_2)t + \frac{\delta_1}{2} + \frac{\delta_2}{2}\right)$$

Würden wir diesen Term in die Gleichung für den Kontrast einsetzen, so hätten wir einen sowohl Zeit- als auch Ortsabhängigen Kontrast. Aufgrund der Trägheit des Auges können wir jedoch die Intensität zeitlich mitteln und die Rechnung somit vereinfachen. Aus

$$\frac{1}{T}\int_0^T \cos\left((\omega_1 - \omega_2)t + \frac{\delta_1}{2} + \frac{\delta_2}{2}\right)dt = 0 \quad \text{mit der Schwingungsdauer} \quad T = \frac{2\pi}{|\omega_1 - \omega_2|}$$

folgt

$$\langle I\rangle_t \propto \|\vec{E}_{ges}\|^2 = 2A^2\left(2 + \cos\left(\frac{2\pi}{\lambda_1}\cdot s\right) + \cos\left(\frac{2\pi}{\lambda_2}\cdot s\right)\right)$$
$$= 2A^2\left[2 + 2\cos\left(\left(\frac{\pi}{\lambda_1} + \frac{\pi}{\lambda_2}\right)\cdot s\right)\cos\left(\left(\frac{\pi}{\lambda_1} - \frac{\pi}{\lambda_2}\right)\cdot s\right)\right]$$

Der Modenabstand beträgt $\Delta f = 1364$ MHz. Da Licht bei $\lambda = 633$ nm eine Frequenz $f = 4{,}7 \cdot 10^{14}$ Hz hat, würden zusätzliche 1364 MHz kaum einen Unterschied in der Wellenlänge verursachen. Darum sind λ_1 und λ_2 der beiden Moden sehr dicht bei einander. Dies führt dazu, dass der erste Kosinusterm wesentlich schneller schwingt als der zweite. Um das Maximum bzw. Minimum zu finden, können wir also annähernd davon ausgehen, dass wir den ersten Term gleich ±1 setzen können, ohne weit vom tatsächlichen Maximum entfernt zu sein. Es bleibt also:

$$I_{max}(s) \propto 4A^2\left(1 + \left|\cos\left(\frac{1}{\lambda_1} - \frac{1}{\lambda_2}\right)\pi\, s\right|\right) \quad ; \quad I_{min}(s) \propto 4A^2\left(1 - \left|\cos\left(\frac{1}{\lambda_1} - \frac{1}{\lambda_2}\right)\pi\, s\right|\right)$$

Wir nehmen hier den Betrag des Kosinus, da wir den ersten Term mit ± 1 ersetzt haben und das Vorzeichen quasi beliebig wählen können, so dass wir das Vorzeichen des übrigen Kosinusterms miteinbeziehen. Setzen wir dies in die Kontrastfunktion ein, so erhalten wir

$$K = \frac{I_{max} - I_{min}}{I_{max} + I_{min}} = \left|\cos\left(\frac{1}{\lambda_1} - \frac{1}{\lambda_2}\right)\pi\, s\right| = \left|\cos\left(\frac{f_1}{c} - \frac{f_2}{c}\right)\pi\, s\right| = \left|\cos\frac{\Delta f}{c}\pi\, s\right|$$

Man kann ohne Problem erkennen, dass der Kontrast maximal wird, wenn der Kosinusterm ± 1 ergibt und minimal wird, wenn der Kosinusterm 0 ergibt. Da der Betrag des Kosinus für alle ganzzahlige Vielfache von π 1 ergibt, lässt sich das Kontrastmaximum folgendermaßen beschreiben:

$$K_{max}(s) = \left|\cos(n\pi)\right| \quad \rightarrow \quad s_{max} = \frac{nc}{\Delta f} = n \cdot 22\ cm$$

Dabei ist n ein Element aus den natürlichen Zahlen. Wir sehen nun auch, wieso der Gangunterschied der beiden Strahlen im Versuchsaufbau circa 20 cm sein sollte.

Kontrast für n Moden

Wir können die Rechnung auch auf n Moden verallgemeinern. Wichtig dabei ist, dass die Rechnung für die einzelnen E_i die gleiche bleibt, da E_i nach wie vor nur aus der Referenz- und der Objektwelle besteht. Es gelten die gleichen Definitionen für die Variablen wie beim Fall für zwei Moden. n bezeichnet hier jedoch die Anzahl der Moden, die wir betrachten.

$$I \propto \|\vec{E_{ges}}\|^2 = \left\|\sum_{i=1}^{n}\vec{E_i}\right\|^2 = \left(\sum_{i=1}^{n}E_i \cdot \cos\phi_i\right)^2 + \left(\sum_{i=1}^{n}E_i \cdot \sin\phi_i\right)^2$$

Rechnet man dies aus, so bekommt man, wie erwartet

$$I \propto \sum_{i=1}^{n}A_i^2 + \sum_{i \neq j}^{n}A_i A_j\cos(\phi_1 - \phi_2)$$

Hier mitteln wir nun auch wie vorhin und erhalten

$$\langle I\rangle_t \propto \sum_{i=1}^{n}A_i^2 = 2A^2\sum_{i=1}^{n}(1+\cos\delta_i) = 2A^2\left(n+\sum_{i=1}^{n}\cos\delta_i\right) = 2A^2\left(n+\frac{1}{2n}\sum_{i,j}^{n}(\cos\delta_i+\cos\delta_j)\right)$$

Im letzten Schritt haben wir lediglich die Summe umgeformt, um eine ähnliche Form zu bekommen, wie sie im speziellen Fall für n=2 vorhanden war. Da es aber bei einer ungeraden Zahl von Moden unmöglich wäre die Kosinusterme jeweils paarweise miteinander zu addieren muss jeder Kosinusterm mit jedem anderen addiert werden, was dazu führt, dass jeder Term 2n mal auftaucht. Man kann sich dies anhand eines Beispiels für n=3 leicht veranschaulichen.

$$\sum_{i=1}^{3}\left(\cos\delta_i+\cos\delta_j\right)=\cos\delta_1+\cos\delta_1+\cos\delta_1+\cos\delta_2+\cos\delta_1+\cos\delta_3$$
$$+\cos\delta_2+\cos\delta_1+\cos\delta_2+\cos\delta_2+\cos\delta_2+\cos\delta_3$$
$$+\cos\delta_3+\cos\delta_1+\cos\delta_3+\cos\delta_2+\cos\delta_3+\cos\delta_3$$
$$=2\,n\left(\cos\delta_1+\cos\delta_2+\cos\delta_3\right)$$

Durch anwenden des Additionstheorems und weiteren Umformungen erhält man

$$\langle I\rangle_t\propto 2\,A^2\left(n+\sum_{i=1}^{n}\cos\delta_i\right)=2\,A^2\left(n+\frac{1}{n}\left(\sum_{i\neq j}^{n}\cos\frac{\delta_i+\delta_j}{2}\cos\frac{\delta_i-\delta_j}{2}+\sum_{i=1}^{n}\cos\delta_i\right)\right)$$

$$\langle I\rangle_t\propto 2\,A^2\left(n+\frac{1}{n-1}\sum_{i\neq j}^{n}\cos\frac{\delta_i+\delta_j}{2}\cos\frac{\delta_i-\delta_j}{2}\right)$$

Dies ist die verallgemeinerte Form der uns bekannten Gleichung aus der Rechnung mit zwei Moden. Mit der gleichen Annäherung für den ersten Kosinusterm können wir den Kontrast bestimmen.

$$K=\frac{I_{max}-I_{min}}{I_{max}+I_{min}}=\frac{1}{n^2-n}\sum_{i\neq j}^{n}\left|\cos\left(\frac{1}{\lambda_i}-\frac{1}{\lambda_j}\right)\pi\;s\right|$$

Der Kontrast hängt also relativ stark von der Anzahl der Moden ab. Je mehr Moden sich überlagern, desto geringer wird der Kontrast. Es ist daher sehr wichtig bei diesem Versuch, so viele dieser Moden wie möglich herauszufiltern.

Auswertung der Messwerte

Wir wollen nun die Messwerte graphisch darstellen und mit den erwarteten Werten vergleichen. Für den theoretischen Wert gilt das Abbildungsgesetz für Hologramme

$$\left(\frac{1}{z_{B_{1,2}}} - \frac{1}{z_C}\right) = \pm\left(\frac{1}{z_G} - \frac{1}{z_R}\right) \quad \text{wobei} \quad \frac{1}{z_R} = 0$$

da wir eine ebene Referenzwelle verwendet haben. z_G ist unsere Gegenstandsweite beim Aufnehmen des Hologramms. Es gilt $z_G = 35$ cm. z_C ist der Abstand des Hologramms vom Mittelpunkt der Rekonstruktionswelle mit der wir das Hologramm wieder beleuchten. Diese Entfernung variieren wir bei jeder Messung. z_R ist der Abstand des Hologramms von der Referenzwelle. In unserem Fall war dies eine ebene Welle, also ist $z_R = \infty$. Die beiden z_B sind die Abstände der Bilder vom Hologramm, bei unserer Punktquelle also die Brennpunkte des Hologramms. Indem wir bestimmen wann die ± 1. Beugungsordnung scharf zu sehen ist können wir also die Abstände der beiden z_B bestimmen.

Bei den Vorzeichen ist zu beachten, dass das plus für das nähere der beiden Brennpunkte steht und das Minus für das vom Hologramm weiter entfernte.

Nach z_B umgestellt sieht das Abbildungsgesetz wie folgt aus:

$$z_B = \frac{z_G z_C}{z_G \pm z_C}$$

Das Ergebnis der Messung soll graphisch dargestellt werden. Zu sehen sind die gemessenen Werte für die Abstände der beiden Bilder und die theoretischen Kurven gemäß des Abbildungsgesetzes. Im ersten Schaubild wurde eine Linse mit einer Brennweite von 25cm und im zweiten Schaubild eine Linse mit einer Brennweite von 50cm verwendet.

Man sieht, dass die Tendenz der Messwerte die Theorie bestätigen. Der Grund, weshalb so viele Messwerte auch mit Fehlerschranken von dem theoretischen Wert abweichen liegt vermutlich daran, dass unsere Fehler zu klein gewählt wurden.

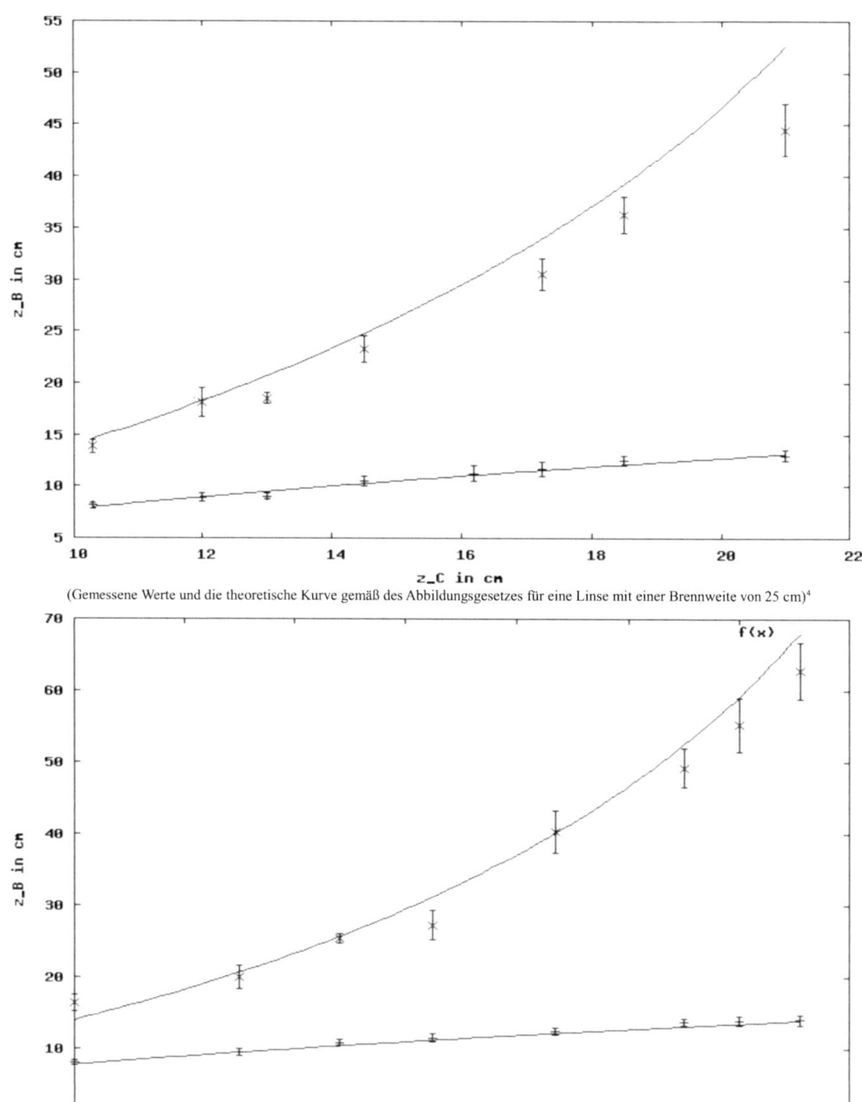

(Gemessene Werte und die theoretische Kurve gemäß des Abbildungsgesetzes für eine Linse mit einer Brennweite von 25 cm)[4]

(Gemessene Werte und die theoretische Kurve gemäß des Abbildungsgesetzes für eine Linse mit einer Brennweite von 50 cm)

---

4 Für den weiter entfernten Bildpunkt fehlt ein Messwert. Laut Protokoll lag dieser Wert zwischen 28 cm und 28.5 cm, was ein überraschend kleiner Fehler ist. Da mir im Nachhinein unklar ist, ob dieser Wert tatsächlich gemessen wurde oder ob ich ein Fehler beim aufschreiben des Messwertes gemacht habe, habe ich ihn vorerst weggelassen. Zum Zeitpunkt der Abgabe habe ich meinen Versuchspartner leider nicht erreichen können um den Messwert bestätigen zu lassen.

Literaturangaben:

- Bronstein, Semendjajew; Taschenbuch der Mathematik; B. G. Teubner Verlagsgesesllschaft Leipzig. 19. Auflage 1979
- Bergmann-Schäfer; Band 3, Optik; 9. Auflage, de Gruyter (1993); S. 428-449, Einführung in die Technik der Holographie
- E. Hecht; Optik; 3. Auflage, Addison Wesley, (1989); S. 627-645, Einführung in die Technik der Holographie
- E. Mollwo, W. Kaule; Maser und Laser; S. 159-168, Gas-Laser